小学生
趣味
大科学

生命的摇篮
海洋

恐龙小 Q 少儿科普馆 编

吉林美术出版社｜全国百佳图书出版单位

目录

辽阔的生命摇篮

欢迎大家参加本次的"大海洋之旅"，我先给大家简单讲解一下海洋的知识。

海洋是地球上最辽阔的水体，面积约占地球表面积的 71%，水储量约占全球水储量的 97%，海洋中植物每年制造的氧气占地球每年产生氧气总量的 70%。

海洋中生活着千百万种生命，是名副其实的"生命摇篮"。大约 35 亿年前，海洋中就出现了最原始的细胞，经过很长时间的进化演变之后，形成了如今的生物界。

宝藏，我来了！

好棒哟！终于可以出海玩啦！

海洋其实是海和洋的总称。**海**就是我们平时所说的大海，是大洋靠近陆地的部分。一些海深入大陆的内部，例如波罗的海；一些海位于大陆和大洋边缘，例如黄海；还有一些海处于几个大陆之间，例如地中海。

海洋的中心部分才是**洋**。全球大洋可分为太平洋、大西洋、印度洋和北冰洋四大洋，其中太平洋面积最大、深度最深。此外，海峡、海湾等也是海洋的重要组成部分。

海

洋

深蓝色的海水下并不是一望无际的平地，而是有各种各样的海底地貌。由大陆向海自然延伸的部分被称为"大陆架"，大陆架的坡度比较平缓。

洋中脊是大体沿大洋中线延伸的海底山脉，其延伸长度达 7 万千米，是地球上最长的环球性洋中山系。

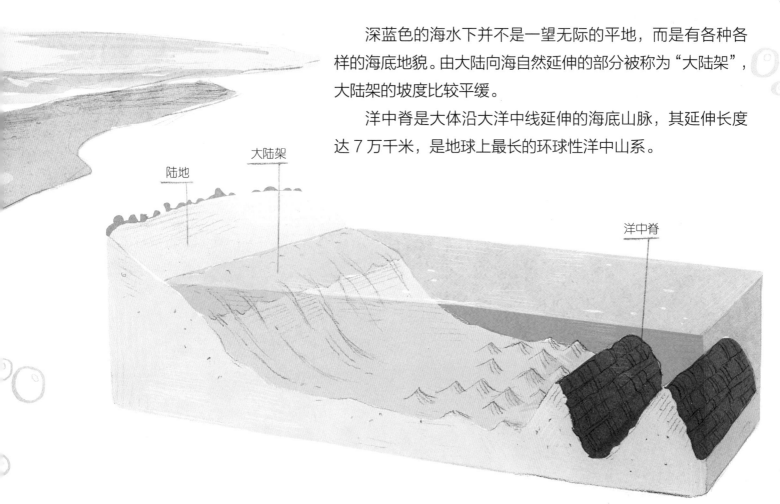

陆地　　大陆架　　洋中脊

海洋对地球的气候、生态系统的平衡起着十分重要的作用，它既影响着地球的降水量，也在减缓大气保温效应的过程中发挥着不可替代的作用。

自然的生物钟——潮汐

嘘！大家小声一点儿，不要吵到生宝宝的海龟妈妈！

潮汐是海水在月球和太阳的引力作用下产生的一种周期性涨落的现象。一天当中，我们可以看到海水涨落两次。

宝藏

爷爷曾经说过，我们的家族在海洋中藏着一份宝藏，找到这份宝藏的鸭子就可以拥有全世界最珍贵的财富。

海水涨落的规律是可以推算出来的，唐代的窦叔蒙撰写的《海涛志》中就有根据月亮的阴晴圆缺推算海水涨落规律的记载。

中秋节前后，中国沿海地区的潮汐最大，著名的钱塘江大潮在这时处于最佳观潮期。我们在海边游玩的时候一定要留意海水涨落的时间，保证人身安全。

海龟妈妈会在潮水的帮助下上岸产卵。它们爬上沙滩挖洞，把卵产在沙子里。小海龟一破壳就会奔向大海。

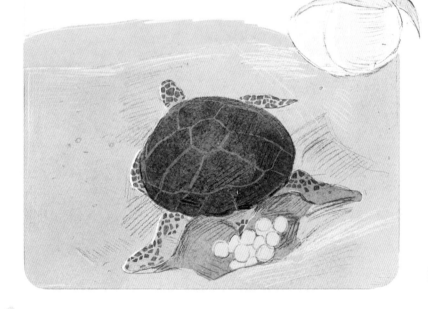

圆球股窗蟹是沙滩上的常住"居民"，退潮时会从洞中爬出来。潮水带来的营养物质是它们喜爱的美味，它们用两只"大钳子"挖取沙子塞进嘴里，吞掉里面的有机物以后，再把沙子团成一团放到一边。

大弹涂鱼住在岸边的滩涂里，常常在退潮以后冒出来，吃掉滩涂上的硅藻。

一些海鸟也会根据潮水涨落的时间来到岸边捕食。

我能用鳃和皮肤呼吸，所以离开水后不会缺氧而亡。

大弹涂鱼

啊，还能这样？！

海洋"市中心"——热闹的浅海区

接下来由我带领大家继续参观，大家不要随便离开队伍哟！

今天的壳怎么这么重？

浅海区一般是指深度在 200 米以内的连续水域。这里非常温暖，阳光可以穿透海水直达海底，所以这片水域是许多喜光生物的乐园。

浅海区生活着各种形式的海洋生命：色彩斑斓的珊瑚礁、繁茂的海藻林、绿油油的海草床等。

无论是珊瑚礁还是海藻林、海草床，都是海洋中不可缺少的生命形式。它们是维持海洋生态系统平衡的重要角色，许多生物需要依附它们才能生存。

鲨鱼来了！快跑哇！

那我会见到鲨——

　　浅海区充足的光照吸引了很多浮游生物来到这里，这些浮游生物又引来了众多的鱼类，于是捕食者随之而来。

　　除了海洋中的珊瑚礁、海藻林和海草床以外，热带海岸泥滩上的红树林和靠近江河湖海的湿地也是重要的生物聚集地。

红树林主要由红树型植物组成，生长在陆地和海洋之间交界地带的泥滩上，一般分布在比较温暖的海域。红树林中树木根系发达，能够在海水中生长。红树林是很多动物绝佳的栖息地，也能帮助人类抵御台风和海啸的侵袭。

终于甩开它们了！我要找到宝藏，登上鸭生巅峰！

鸭大生巅峰

湿地被誉为"地球之肾"，一般位于陆地和水域之间的过渡地带，拥有众多的水生动植物资源，更是很多候鸟过冬的场所。

是动物还是植物

珊瑚虫多群居，结合成一个群体。它们不会移动，但会伸出自己的触手来捕食海洋中细小的浮游生物。珊瑚虫一般生活在水温高于 20℃、光照充足的浅海区，只有少数珊瑚虫能在深海区生存。

珊瑚是由许多珊瑚虫的石灰质骨骼聚集形成的，有树枝状、盘状、块状等多种形状。珊瑚的颜色也很绚丽，有红、黄、紫、蓝等多种颜色。

珊瑚礁主要由造礁珊瑚的石灰质遗骸和钙藻、贝壳等长期聚结而成。珊瑚虫会一代一代在这些遗骸上生长、繁育、死亡，经过数百年甚至数千年之后才会形成珊瑚礁。但是并不是所有的珊瑚都能形成珊瑚礁，珊瑚礁形成的条件十分苛刻，水温、海水含盐度、光照等都是影响珊瑚成礁的重要因素。

　　珊瑚礁是海洋中十分重要的生态系统，称得上是海洋中的"热带雨林"。珊瑚礁中居住着很多海洋动物，如一些软体动物和甲壳动物，还有很多的鱼类。

　　棘冠海星以活体珊瑚为食，大批聚集时能将成片的活体珊瑚吃得一干二净。

　　法螺则以这种海星为食，几乎是棘冠海星唯一的天敌。法螺的壳很漂亮，壳的表面多为黄褐色，并且有半圆形或三角形的斑纹。壳口呈卵圆形，内面为橘红色。

救命啊！法螺先生快救救我们！

← 棘冠海星

法螺

咦，我的午餐呢？

那边呢！

海洋霸主

请各位旅客系好安全带，"列车"正在全速前进！

鲨鱼旅游专线
10条鱼干/位

这速度也太快了吧！10 条鱼干值了！

鲨鱼堪称海洋中的霸主，它们的活动范围很广，"菜品"种类很多，主要以各种鱼类、海龟、海豹、海狮等为食。

鲨鱼的身体结构很奇特，它们的骨骼是由有弹性的软骨组成的，主要作用是固定强有力的身体肌肉。这种身体结构能够提升鲨鱼的游泳速度，使它们可以快速地追捕猎物。

人并不是鲨鱼喜欢吃的食物，

鲨鱼只有在极度饥饿或者感觉受到威胁时才会攻击人类。一些冲浪的人之所以会被攻击，可能是因为在鲨鱼看来，冲浪板的形状很像它们的猎物——海狮。

鲨鱼的种类很多，最大的鲨鱼是**鲸鲨**。鲸鲨体长一般在 12 米左右，最长可达 20 米，主要以浮游动物为食。鲸鲨也是世界上现存最大的大洋性鱼类。

鲨鱼也不都长一个样子，有一些鲨鱼的长相十分奇怪。**双髻鲨**的长相就很不一般，它们的头的前部向两侧凸出，看起来像个大锤子，所以也被叫作"锤头鲨"。双髻鲨的两只眼睛长在锤部两端。

锯鲨头上长长的"锯子"其实是它们的吻部，是它们用来攻击猎物的武器。"锯子"两侧长着尖利的牙齿，中间的两条触须用来探测猎物。

又打着我们鲨鱼的旗号在这儿坑蒙拐骗！

我们错了，我们错了。

还我鱼干！

鲨鱼旅游专线
10条鱼干/位

鲫鱼常常与鲨鱼一同出现，它们的头上有一个吸盘，除了鲨鱼，它们还会吸附在鲸、海龟等动物的身体下面，有时甚至还会吸附在船底下。鲫鱼通常以大鱼的食物残渣、体外寄生虫为食，有时也会捕捉一些无脊椎动物。它们经常跟着大鱼来到食物丰富的地区，吃饱喝足以后再搭上另一辆"顺风车"，去往下一个地点。

← — — **姥鲨**是仅次于鲸鲨的世界第二大滤食鲨，体长一般在7～8米，较大个体体长可达15米。

难以察觉的伪装大师

叶须鲨是一种鲨鱼，但和我们平时见到的鲨鱼不太一样。叶须鲨的身体扁扁的，一般隐身于珊瑚礁中，主要以鱼类等动物为食。

它们的背部长有颜色深浅不同的斑点，头部边缘长有一些形状类似树杈的"胡须"。这种造型使它们能够很好地伪装自己，等猎物游到捕食范围内，它们就张开大嘴，快速吞掉那些粗心的猎物。

呸呸呸！什么玩意儿？怎么还掉毛？

石头长嘴啦？

石头鱼虽然长相不太好看，却是海洋中的伪装高手。它们个头儿不大，喜欢躲在海底的乱石中，然后把自己隐藏起来。

石头鱼采用"守株待兔"的方式捕食。它们可以一直待在一个地方很久，直到有小鱼上钩。它们的伪装能骗过猎物，也能骗过自己的天敌。它们背上长着有剧毒的刺，能够致人死亡。

老大爷，请问您知道这个地方吗？

不知道，不知道！你去前边问问吧，别耽误我吃饭。

生活在浅水沙地中的**拟态章鱼**堪称自然界中的伪装大师，它们的身体十分柔软。

我本来长这样！

拟态章鱼在遇到危险的时候，可以通过改变自身的形状和颜色来模拟其他海洋动物的形态。它们经常模拟扁平状的比目鱼或者有毒的海蛇的形态，这种方式能帮助它们躲避或者吓退天敌。

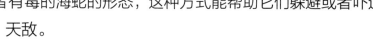

比目鱼

拟态章鱼

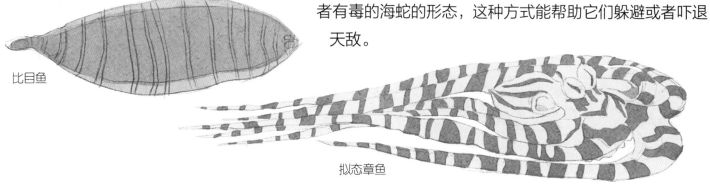

海蛇

拟态章鱼

海洋中的用毒高手

水母在地球上已经生活几亿年了，它们出现的时间比恐龙还要早。水母的种类很多，它们以浮游生物、小型鱼类等为食。

水母的外形像一把伞，伞缘有触手，有的触手有 20 ~ 30 米长，这些触手既是它们的武器，也是它们的消化器官。

我们是水母！

请问——天哪！好漂亮啊。

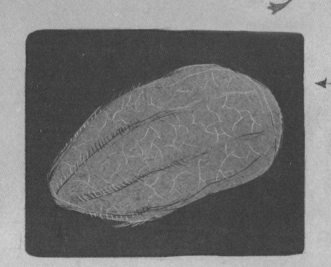

栉水母虽然看起来很像水母，但它们与水母有很大的差别。多数的栉水母是半透明的，能发出漂亮的光。

眼睛

箱水母是世界上毒性最强的动物之一，最具代表性的箱水母是澳大利亚箱形水母，人一旦被它们蜇到，如果得不到及时救治，就会死亡。

箱水母的伞状结构四周有 4 处眼睛集中的地方，每处眼睛集中的地方都有 6 只眼睛。这些眼睛使它们的视野范围可以达到 360°，还能看清楚自己的身体。

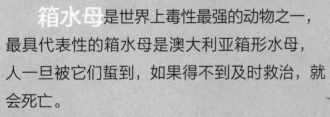

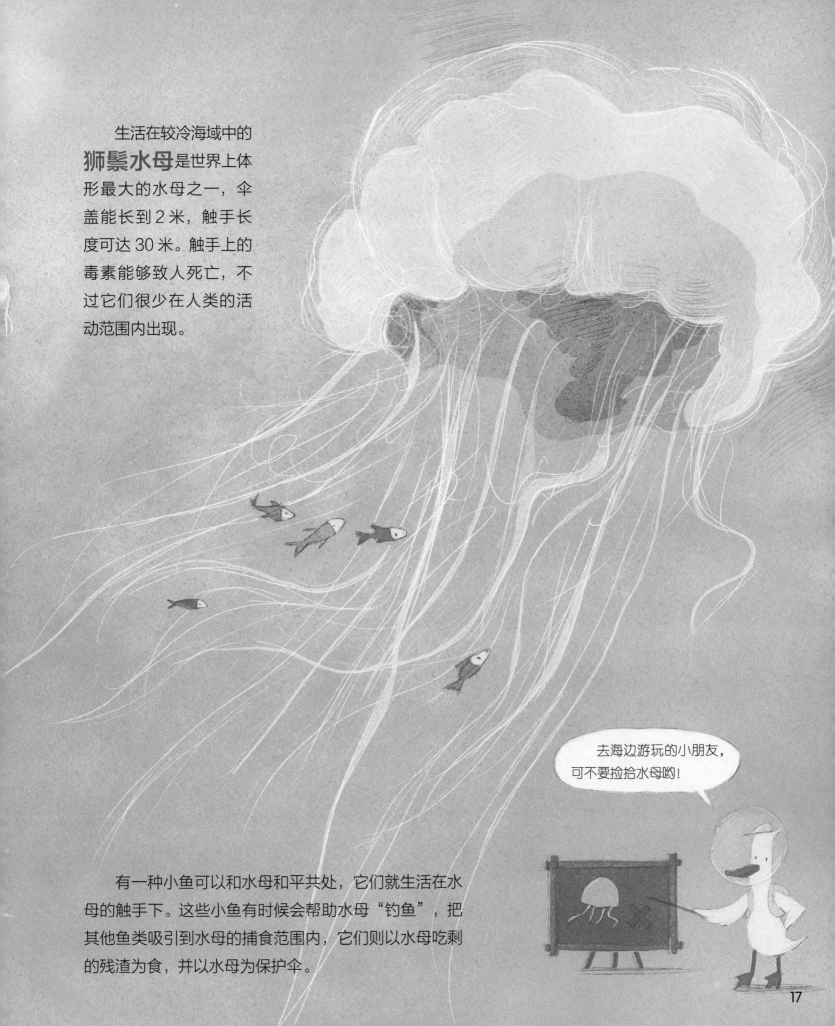

生活在较冷海域中的**狮鬃水母**是世界上体形最大的水母之一，伞盖能长到 2 米，触手长度可达 30 米。触手上的毒素能够致人死亡，不过它们很少在人类的活动范围内出现。

去海边游玩的小朋友，可不要捡拾水母哟！

有一种小鱼可以和水母和平共处，它们就生活在水母的触手下。这些小鱼有时候会帮助水母"钓鱼"，把其他鱼类吸引到水母的捕食范围内，它们则以水母吃剩的残渣为食，并以水母为保护伞。

海洋中的"用毒高手"不只有水母，
很多海洋生物都自带毒液。

蓝环章鱼的体形和高尔夫球差不多，黄褐色的
体表上有鲜艳的蓝色圆环。在感受到危险时，它们身上的蓝色圆
环就会发出蓝光，以示警告。

这种章鱼虽然个头儿很小，但却具有很强的毒性，被它们咬
上一口就能致人死亡，而且目前没有药物能够解毒。

蓝环章鱼分布在日本与澳大利亚之间的太平洋海域中，一般
躲在珊瑚礁或者海草床中。它们不会主动攻击人类，但在潜水时
还是要远离它们。

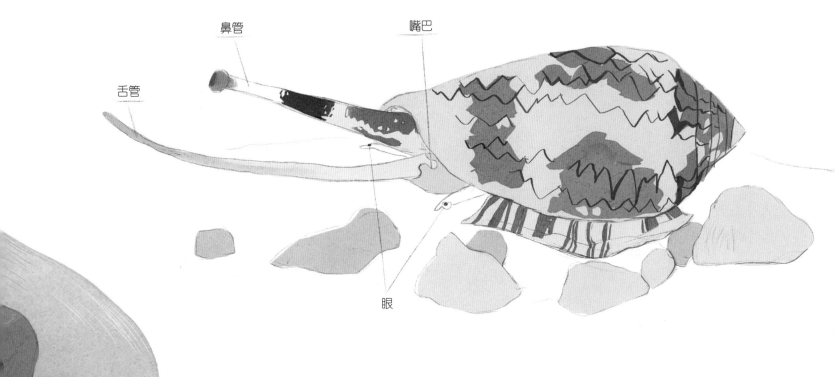

舌管

鼻管

嘴巴

眼

鸡心螺外壳形状类似鸡心或芋头，所以又被称为"芋螺"。鸡心螺的种类很多，差不多有 500 种，它们一般生活在暖海中。

鸡心螺行动缓慢，需要依靠毒液来捕捉猎物。它们的毒液毒性十分强大，毒死一个成年人毫不费力。

鸡心螺的毒素成分十分复杂，这些毒素会麻痹受害者的神经，中毒的人感觉不到疼痛，最终会因心脏衰竭而死亡。

鸡心螺长得很漂亮，中毒的人大多是在捡拾鸡心螺时被攻击中毒的。所以在海边游玩的时候，不要因为好奇去捡拾和触摸一些不认识的动物。

相互依存的好朋友

　　花纹细螯蟹是一种体形特别小的螃蟹，虽然也有一对螃蟹标志性的"钳子"，但它们的"钳子"十分弱小，无法获取食物，于是它们找海葵当自己的帮手。

　　海葵的触手可以在流动的海水中捕捉浮游生物，花纹细螯蟹通过用"钳子"钳住海葵挥动的办法让海葵抓住浮游生物，然后再吃掉海葵触手上自己喜欢的食物。花纹细螯蟹挥动海葵的动作十分有意思，看起来就像是在跳舞。

　　有时，海葵还会成为花纹细螯蟹的武器。海葵的触手有毒，当遇到捕食者的时候，花纹细螯蟹会挥动"手"中的海葵吓退捕食者。而海葵与花纹细螯蟹生活在一起，能帮助自己获得更多的氧气和食物。

枪虾和虾虎鱼之间也存在着有意思的共生关系。

枪虾要挖洞筑巢，还要为了保持洞穴的完整而不停地修复洞穴。枪虾的视力很差，虾虎鱼就是它们的绝佳拍档。枪虾会为虾虎鱼提供住所，虾虎鱼会给枪虾当哨兵；在枪虾挖洞的时候，虾虎鱼会帮它们留意四周潜在的危险。

虾虎鱼

枪虾

小丑鱼和海葵也是一对互相帮助的"好朋友"。小丑鱼住在海葵里，有毒的海葵会保护小丑鱼，使它们摆脱被捕食者吃掉的命运；小丑鱼则会帮助海葵获得更多的捕食机会。不过，并不是所有的海葵都能和小丑鱼共生。

小丑鱼

海葵

小哥哥你好，请问一下到这里要怎么走哇？

不远啦，就在前面。

生命的旅程

天哪，我的藏宝图！

洄游是海洋中的鱼类等动物沿着一定路线有规律地往返迁移。动物洄游的原因有多种：一些是为了追随食物而进行洄游，一些是为了到合适的地点产卵而进行洄游，一些则是为了避寒向暖水水域迁移而进行洄游。

沙丁鱼洄游的景象最为壮观。每年数百万条沙丁鱼会沿着南非海岸开始洄游，这些小鱼聚集在一起，形成长长的鱼群带，在海面上空就可以清楚地看到它们的身影。

成群的沙丁鱼也引来了捕食者，鱼群带不得已被分成一个个球状鱼群。海豚会把这些鱼群赶向水面，此时早已等候在水面上空的海鸟们就会迫不及待地扑进水中捕食沙丁鱼。鲨鱼和鲸也是这场盛宴的常客。

　　大麻哈鱼需要洄游进行产卵。大麻哈鱼的幼鱼在河流中出生，在海洋中成长，长大以后又会回到出生地产卵。大部分大麻哈鱼一生仅产卵一次，产卵以后就会死亡，它们的身体则会为幼鱼们提供营养。

　　红大麻哈鱼会在洄游途中改变自己的样子：头部逐渐变成绿色，身体逐渐变成红色，雄鱼的身体变化较大。不同种类的大麻哈鱼洄游的时间也有所不同，但一般在夏秋两季。进入淡水以后，红大麻哈鱼不再进食，全靠消耗自身的能量维持生命活动。

　　除了艰难的路途，**捕食者**也是红大麻哈鱼洄游路上的一大威胁。肉食动物会在鱼群的必经之路上提前埋伏来捕食它们，以储存过冬所需要的营养。

23

是"男生"还是"女生"

小丑鱼喜欢生活在比较温暖的水域，海葵是它们的理想住所。一对小丑鱼夫妇会生活在一个海葵中，如果海葵比较大，它们会允许其他幼鱼加入进来，然后一起组成一个大家庭。

但当这对夫妻中的雌鱼不见了的时候，雄鱼会在几周内，从生理机能到外部形态完全变成一条雌鱼。

双带锦鱼多数生活在热带水域的珊瑚礁附近，有一些也住在海草床中。它们过着群居生活，喜欢组队遨游觅食。双带锦鱼也是一种可以改变性别的鱼类，一般是由雌性变为雄性，它们的身体颜色、体形大小和某些器官都会发生改变，而且这种改变是不可逆的。

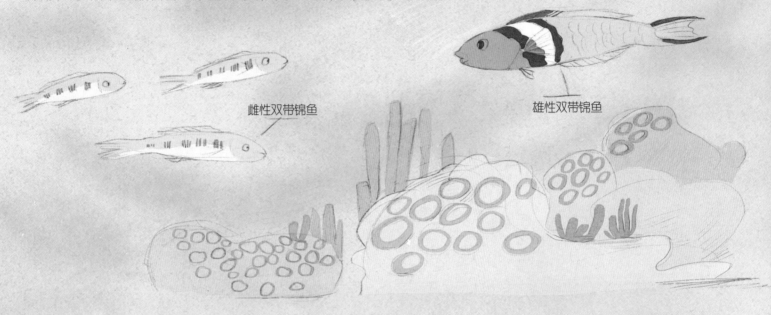

雌性双带锦鱼

雄性双带锦鱼

红鲷鱼的大家庭中有 20 多个成员，但一个家庭中只有一条雄鱼，剩下的都是雌鱼。当唯一的雄鱼不见了的时候，其中一条比较强壮的雌鱼就会变成雄鱼，带领这个家庭继续生活。

雄性红鲷鱼

这种改变性别特征的现象在海洋动物中比较常见，有的鱼甚至可以在一天以内发生多次性别转变，这种独特的行为是动物为了能够更好地延续种群而演化出来的。

行走的移动电源

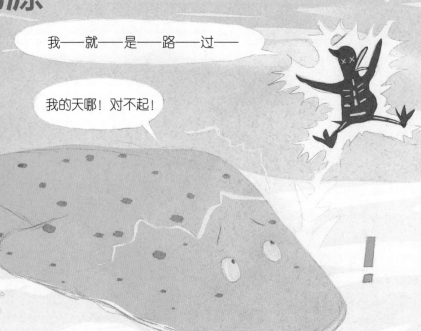

  电鳐是一种扁体鱼，主要生活在热带和亚热带的浅水水域中，也有少数生活在深海中，是一种会放电的鱼类。

  电鳐的长相很奇怪，它们的头部和胸部连在一起，眼睛长在背上，发电器官大致位于头部和胸鳍之间，放电时的电压一般在 75 ～ 80 伏特，最高可达 200 伏特。

  捕食的时候，电鳐经常把自己的一半身子埋在泥沙里，然后电晕"路过"的小鱼、小虾，之后再把它们吃掉。放电也是电鳐的一种防御手段，连续放电以后，电鳐释放的电流会逐渐减弱直至消失，这时它们需要休息一会儿才能继续放电。

除了电鳐以外，生活在淡水中的电鲇和电鳗也是放电的能手。

电鲇广泛分布于非洲热带地区的淡水流域中，体长1米左右，嘴上有3对触须，眼睛很小，背面皮肤下有成对的发电器。电鲇生性比较凶猛，喜欢昼伏夜出，捕食的时候先用电流把猎物击昏，然后再将其吃掉。它们的放电能力很强，能够瞬间放出200～450伏特的电压。电鲇释放的电流不仅能电死小动物，有时甚至可以把人电昏。

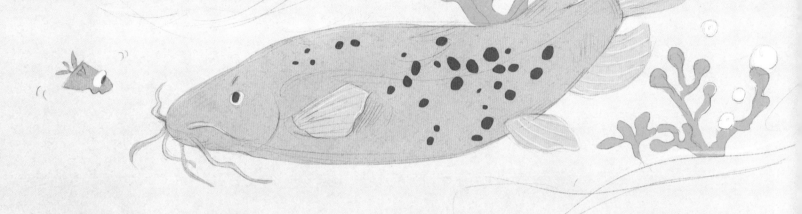

放电能力最强的淡水鱼是**电鳗**，虽然这种鱼的名字叫电鳗，但其实它们与鲇鱼的关系更近。电鳗主要生活在南美洲亚马孙河和奥里诺科河，它们喜欢在夜间捕食小鱼、小虾等动物。

电鳗的体形很大，发电器官位于尾部两侧，平均放电电压约为350伏特，最大电压可达800伏特，电压强度足以杀死一头牛。

深不见底的海洋

深海区是指水深在 2000 米以下的区域。海面 200 米以下的区域光线就已经非常微弱了，到深海区就没有任何光线了，可以发光的动物是这里唯一的光源。

海洋中的**压力**会随着海水深度的增加而增加，所以深海区的压力很大，但即使是在这种低温、高压、无光照的环境中，仍有生命存在。

大西洋银鲛

斧头鱼

吞噬鳗

金枪鱼

鲭鱼

大青鲨

冒鳗

200米
1000米

5000米

10000米

11034米

海沟是海洋中最深的地方，一些海沟的深度有10000多米。大平洋洋底的海沟数量最多，世界上最深的海沟——马里亚纳海沟就位于这里。马里亚纳海沟大部分深8000多米，其中斐查兹海渊的深度达11034米，是已知地球上最深的地方。即使把世界最高峰——珠穆朗玛峰放在这里，峰顶也不能露出水面。

幸好我的潜水车采用了高科技材料，可以承受很大的压力。

世代生活在深海区的动物早已适应了这种恶劣的生存环境，而目前人类能够承受的压力是有限的，所以在大洋深处还有许多物种没有被发现。

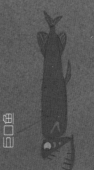

白口鱼

29

自带闪光灯

深海中的很多动物都会发光，它们发光有的是为了捕食，有的是为了防御，有的是为了逃生。这些动物奇怪的造型搭配上幽暗的光亮，让深海有了不一样的景象。

海洋雪是深海动物的盛宴。在深海中，海洋上层的一些生物残骸、残渣等组成的碎屑像雪花一样不断飘落，被称作"海洋雪"。吸血鬼鱿鱼是海洋雪的食客之一。

吸血鬼鱿鱼又叫**幽灵蛸**，是一种生活在深海区域的介于鱿鱼和章鱼之间的动物，体长只有 15 厘米左右。在遇到危险时，它们会突然发光，以此来迷惑敌人，然后趁机逃跑。

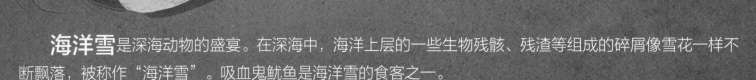

吸血鬼鱿鱼

鮟鱇是一种深海食肉鱼类，它们的头很大，身体扁平，以深海中的小鱼为食。

鮟鱇头上有一根小小的"鱼竿"，"鱼竿"前端挂着它们的诱饵。这个诱饵的形状类似小灯笼，"灯笼"里装着的是一种细菌，这种细菌依靠鮟鱇自身分泌的物质发光，受到光亮诱惑的小鱼一旦上钩，就成了鮟鱇的美食。

雌性鮟鱇

雄性鮟鱇

雌性鮟鱇的体形要比雄性鮟鱇的体形大很多，一旦雌、雄两只鮟鱇相遇，雄性鮟鱇的身体就会逐渐与雌性鮟鱇的身体长到一起，成为雌鱼身体的一部分。

奇奇怪怪的长相

深海中的动物长相都有些奇怪，其实这些奇怪的长相都是它们为了适应深海中的生活环境而进化出来的。

水滴鱼就是生活在深海中的一种长相奇怪的鱼类，它们没有鱼鳔，用鳃呼吸。水滴鱼的身体呈凝胶状，并且密度比海水低，这使它们能轻松地从海底浮起。

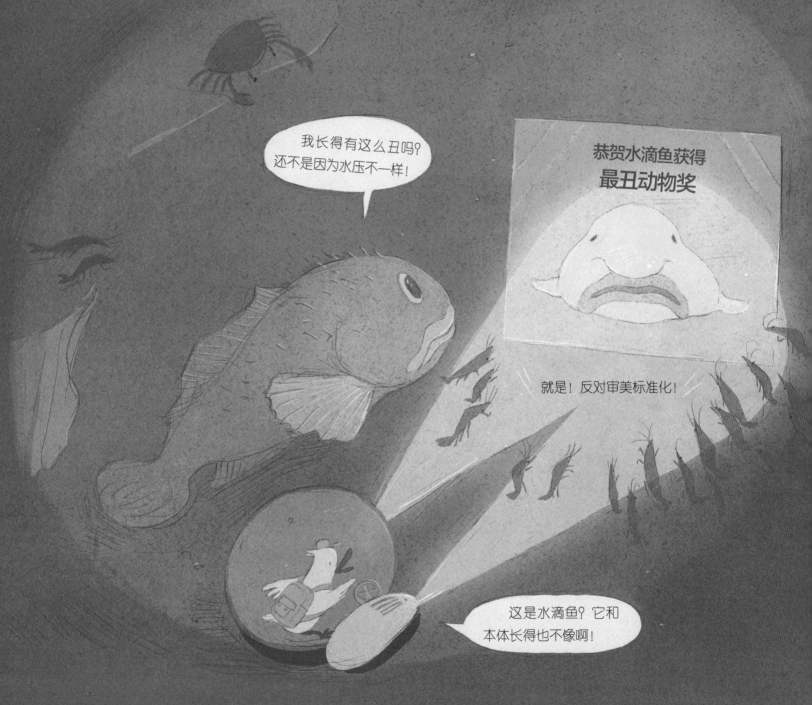

据科学家猜测，水滴鱼在深海中长得还算正常，人们看到的水滴鱼之所以长着一张"悲伤脸"，是因为它们被捕捞到岸上的时候，因为压力的改变，身体变得膨胀，"皮肤"下垂，就变成了软趴趴的模样。

近些年，随着人们对海底的不断探索，更多的物种被发现。除了长相奇怪的生物以外，还有很多萌萌的小动物生活在深海中。

小飞象章鱼是一种生活在深海中的章鱼，它们长着一对大耳朵一样的鳍。这种章鱼的活动范围一般在深海的海床上，移动时它们会依靠腕直接"行走"，游起来的时候就靠扇动"大耳朵"来前进，这对"大耳朵"每秒钟能扇动 4 ～ 30 下。

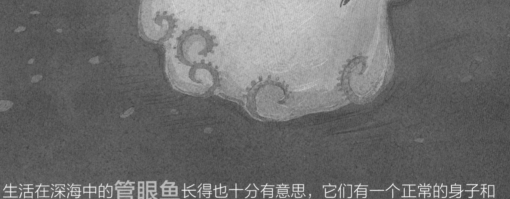

生活在深海中的**管眼鱼**长得也十分有意思，它们有一个正常的身子和透明的头，管状的眼睛特别能聚焦光线，能够帮助它们快速发现猎物。

看清楚了吧？我的脑子里装的都是智慧！

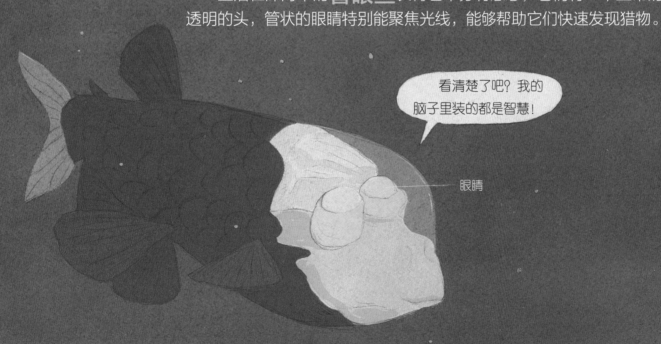

眼睛

不定时炸弹——海底火山

海底有很多**火山**，大部分火山都分布在深海区，只有少数火山分布在浅水区。海底的火山也会喷发，但火山喷发出的物质并不是燃着的明火，而是一些气体、岩浆等物质。

我的天哪！海底竟然也有火山？

喷发出的岩浆经过海水冷却之后凝固堆积，形成海岛。著名的夏威夷群岛就是由海底火山喷发、堆积形成的。岛上的基拉韦厄火山是世界著名的活火山，喷发较为频繁。

海底的"黑烟囱"是一种深海热液，一般位于火山活动频繁的地带。

海水沿海底裂缝向下渗流，与热岩浆交汇，温度不断上升。炽热的水溶解了岩石中的化学物质，最终这些含有化学物质的水向上涌动并喷出。当与冰冷的海水交汇时，喷出的热水中的矿物质变成了黑色，看上去就像从断裂处喷出的滚滚黑烟，因此被称为"黑烟囱"。

除了"黑烟囱"以外，海底热液烟囱还有"白烟囱"。不过，形成"黑烟囱"还是"白烟囱"与温度没有直接关系，而是与流体物质组成有关。

海底"烟囱"冒的"烟"还有毒？

此处有毒，请绕行！

管状蠕虫

"黑烟囱"中含有高浓度的硫化物，这种物质对一般生物来说是有剧毒的，但即使是在这种高温、高压且有毒的环境中，仍然有生命存在。

生活在热液口附近的特殊细菌养活了大量的虾，还有一些热液口附近长满了2米多高的巨大的管状蠕虫。有很多动物栖息在这片"蠕虫林"中，形成了独特的生物群落。

35

深海巨怪

在过去很长的一段时间里，世上一直流传着关于海怪的传说。传说中这种海怪体形巨大，当它们浮出海面时，身体比船只还要大，触手能轻松掀翻过往的船队。后来，随着人们对海洋探索的逐渐深入，大家推测这种海怪的原型极有可能是大王乌贼。

大王乌贼是现存最大的无脊椎动物，一般生活在太平洋和大西洋的深海区，有时也会到浅海区觅食。

虽然早年的一些数据对这种动物的体形有一些夸大的描述，但从现有研究来看，大王乌贼全长可达 18 米。

大王乌贼一般以小型乌贼或鱼类为食。它们体表有很多色素细胞，这些细胞能够帮助大王乌贼改变身体的颜色，借此来躲避捕食者。

爷爷，哪有您这么坑人……坑鸭的呀！

同样被誉为"深海巨怪"的**大王酸浆鱿**则主要生活在南极的深海区，体长约10米。它们的眼睛很大，主要用来观察四周环境，以便更好地躲避天敌。

大王酸浆鱿的体形虽然很大，但它们的天敌也不少，抹香鲸、南极睡鲨等都以它们为食，人们曾在这些动物的胃里发现过大王乌贼和大王酸浆鱿的残骸。

鳍

躯干

头

腕

触腕

触腕穗

大王乌贼　　　大王酸浆鱿

叫鱼不是鱼

我们常说的"鲸鱼"，虽然这种叫法里有个"鱼"字，但它们并不是鱼类，而是生活在海洋里的哺乳动物，依靠肺部呼吸。

鲸分齿鲸和须鲸两种，最为人熟知的齿鲸是**海豚**。海豚利用一种叫回声定位的技术寻找猎物。它们发出声音，声音接触到猎物后会返回，海豚通过聆听从猎物身上返回的声音来锁定它们的位置。

抹香鲸是现存体形最大的齿鲸，它们的潜水能力很强，正在捕食的抹香鲸可以潜到水下3000米处。

你先松口！

快把你的触腕拿开！

虎鲸是一种聪明的齿鲸，它们是群居动物，群体中具有复杂的社会性。虎鲸捕食的时候懂得利用团队作战的方式围捕猎物，它们以海豹、海豚等动物为食，有时候也会主动攻击其他鲸类甚至鲨鱼。

体形最大的鲸是**蓝鲸**，它们也是地球上现存最大的动物，体长可达 33 米，从北极到南极的海洋中都能看到它们的身影。

蓝鲸属于须鲸，采用滤食的方式获取食物。它们主要以磷虾为食，会将海水和磷虾一起吞入口中，然后再将海水排出体外。

当一头鲸死亡落入深海以后，它的尸体会形成一个名为"鲸落"的深海生态系统，以一具尸体滋养深海中的千万生物长达数十年甚至数百年。

以海为生的动物们

海洋不仅是水生生物的家园，对许多海鸟来说，海洋也是它们赖以生存的家园。

海鸟多以鱼类、乌贼等海洋动物为食，经过长时间的进化，它们已经具备了独特的生存技巧。

生活在北大西洋附近海域的**北极海鹦**就拥有出色的潜水能力与飞行能力，它们不仅能潜入水下捕鱼，还能在半空中旋转飞行御敌。

大洋中的一些海岛十分荒凉，人类无法居住，但对于一些海鸟来说，这里却是繁衍后代的好地方。除了海岛以外，滨海湿地也是海鸟的理想栖息地。

海鸟多数时间在海上生活，但它们需要把卵产在陆地上。每当繁殖期到来的时候，海岛和临海的悬崖上就会密密麻麻挤满了筑巢的海鸟，看上去十分壮观。

聚集的海鸟会引来**捕食者**，一些狐狸喜欢偷吃鸟蛋，海岛上的蛇类也是海鸟的天敌，甚至海鸟之间也不能和平共处。大自然以自己的方式维持着各个物种间的平衡。

天鹅是一种候鸟，冬天的时候它们会选择在比较温暖的南方过冬，第二年春天再飞到北方繁育后代，等幼鸟长大后再飞回原本的过冬区。

大天鹅是天鹅的一种。一些大天鹅的过冬区位于我国山东省荣成市，它们从蒙古高原出发，飞到较为温暖的荣成过冬，以近岸浅海地区的海草为食。

除了海鸟以外，海獭、海狮、海象、海豹等动物也是海洋生物家族中不可缺少的成员。

人类与海洋

人类对海洋的探索很早以前就已经开始了。早期的海洋探索更多是为了发现新陆地，例如哥伦布发现美洲大陆；或是为了进行远洋探索、与周边国家建立联系，例如郑和七下西洋。后来，人们才开始进行各种科考研究活动。

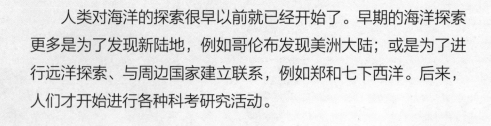

终于见到麒麟了！

我是长颈鹿！

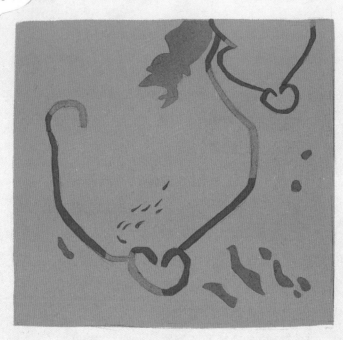

古时候，人们会在沿海地区建造名为"石沪"的陷阱式捕鱼设施，利用潮汐的力量来捕鱼。涨潮时鱼群游进陷阱，退潮后则会连同海水一并留在陷阱中。这样的捕鱼方式既满足了人类的需要，又能维持生态的平衡。

从海水中提取盐的做法也有着悠久的历史。居住在海岸附近的人们把海水引入池子里，通过太阳的暴晒使水分蒸发，留下的晶体就是粗盐。

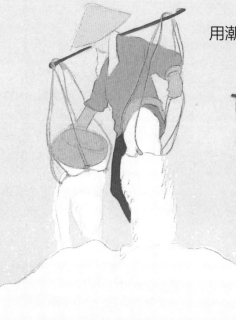

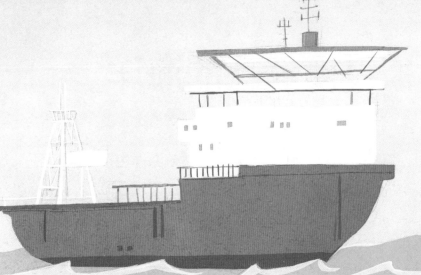

金刚石因其极高的硬度和漂亮的外形被广泛应用于工业生产和贵重首饰的制作上。非洲西南海岸的海床上就散落着大量的金刚石，对人类来说，这是一笔宝贵的海洋矿产。

要不我们也下船去挖点儿金刚石吧！

贪财鬼，要去你自己去！

海洋捕捞也是人类从海洋中获取资源的方式，从近海浅海区域到远洋深海区域，都有人类留下的有关海洋渔业开发的足迹，人类通过养殖或合理捕捞的方式从海洋中获取鱼类资源。

海洋中还蕴藏着丰富的石油、金属资源，潮汐和波浪带来的巨大能量还可以用来发电。可以说，海洋一直养育着人类。

被过度消耗的海洋

海洋面积广阔，无数的生命依赖海洋生存，这其中也包括人类。但海洋的承载力是有限的，人类的活动正在逐步破坏海洋的生态环境。

科技的发展使现代捕鱼业变得十分高效，大型的捕鱼船一次能够捕到很多的鱼。但是过度的捕捞会使海洋中的生物多样性减少，一些物种濒临灭绝。

虽然国际上明令禁止捕鲸，但仍有一些国家利用规定以"科学研究"的名义大肆捕杀它们。

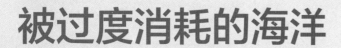

捕鱼作业太厉害了，总把我捞上来！我不好吃！

人类活动产生的废水不经完善处理就流入海洋，会导致一些浮游生物急剧繁殖和高度密集，出现海水变色和水质恶化的现象，这种现象被称作**赤潮**。这些浮游生物不仅有毒，还会消耗大量氧气，导致这一地区的海洋生物大量死亡。

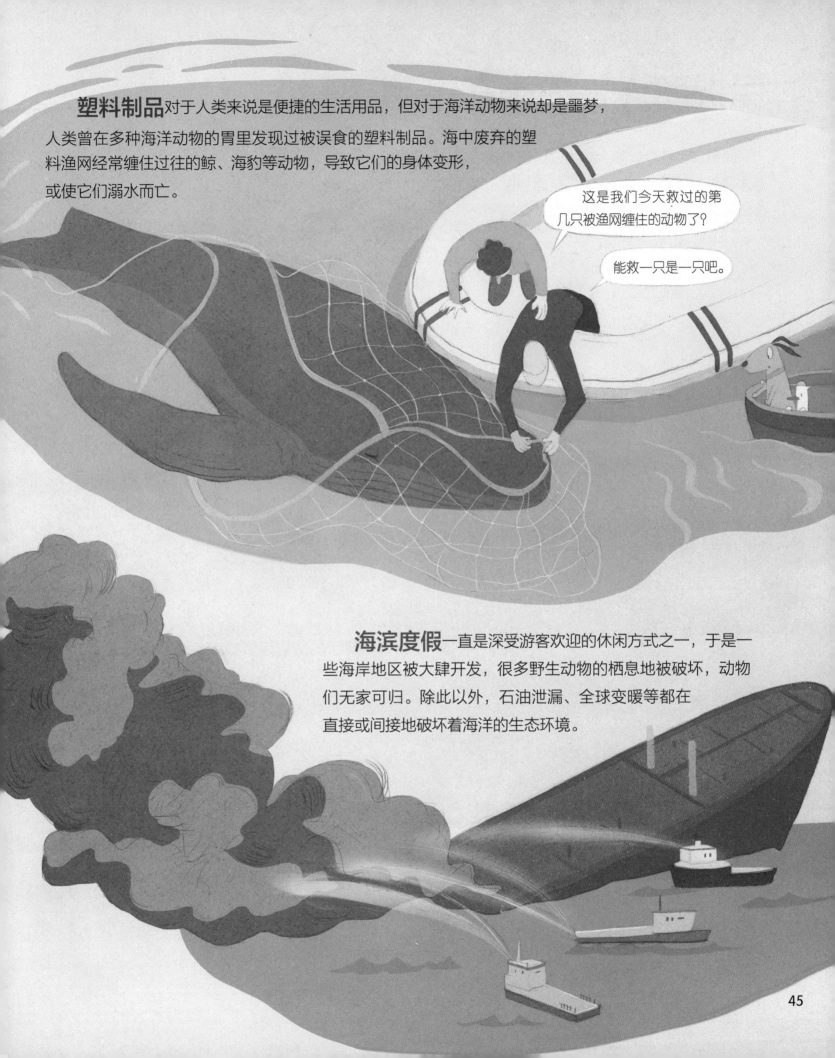

塑料制品对于人类来说是便捷的生活用品，但对于海洋动物来说却是噩梦，人类曾在多种海洋动物的胃里发现过被误食的塑料制品。海中废弃的塑料渔网经常缠住过往的鲸、海豹等动物，导致它们的身体变形，或使它们溺水而亡。

这是我们今天救过的第几只被渔网缠住的动物了？

能救一只是一只吧。

海滨度假一直是深受游客欢迎的休闲方式之一，于是一些海岸地区被大肆开发，很多野生动物的栖息地被破坏，动物们无家可归。除此以外，石油泄漏、全球变暖等都在直接或间接地破坏着海洋的生态环境。

保护海洋，人类在行动

值得庆幸的是，如今人类已经意识到了保护海洋环境的重要性，也在积极努力地遏制海洋环境的恶化，保护海洋动物的生命。

看，它在跟我们招手呢！

希望它不要再被缠住了，平平安安地活下去。

彩虹耶！

科学家们正在积极研究如何利用海里原有的细菌解决石油污染的问题；各国也制定了相关法律，确保污水不会流入海洋；科技的进步也使捕鱼的方式变得更加合理，减少了捕鱼作业给海洋生物带来的影响。

日常生活中，我们很微小的行动也能够为保护海洋贡献自己的一份力量。

减少碳的排放能够减缓全球变暖的速度，降低全球变暖对海洋生态环境的破坏程度。

减少塑料制品的使用可以减少塑料垃圾的产生，对于已产生的塑料垃圾要积极进行回收再利用。

当我们到海滩上游玩的时候，要将自己产生的垃圾带走，以免污染海洋。在一些海钓活动结束后，也要将鱼线收拾干净，不要留在海洋里。

我们要对海洋生物、海洋知识有所了解，拒绝购买、食用珍稀动物，这些都是我们力所能及的事情。

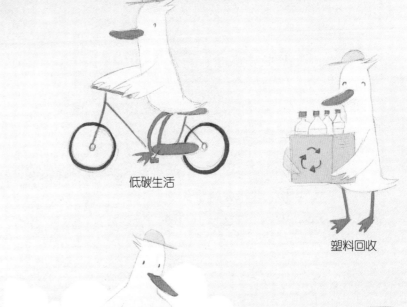

低碳生活

塑料回收

清理海滩上的垃圾

不食用珍稀动物

这次的海洋之旅彻底结束了，虽然没能拿回爷爷说的宝藏，但对于我们的地球家园来说，海洋就是最珍贵的宝藏。

图书在版编目（CIP）数据

生命的摇篮——海洋 / 恐龙小Q少儿科普馆编 . —— 长春 ：吉林美术出版社，2022.4
（小学生趣味大科学）
ISBN 978-7-5575-7006-4

Ⅰ . ①生… Ⅱ . ①恐… Ⅲ . ①海洋－少儿读物 Ⅳ . ①P7-49

中国版本图书馆CIP数据核字(2021)第210665号

XIAOXUESHENG QUWEI DA KEXUE
小学生趣味大科学
SHENGMING DE YAOLAN HAIYANG
生命的摇篮 海洋

出 版 人　赵国强
作　　者　恐龙小Q少儿科普馆 编
责任编辑　邱婷婷
装帧设计　王娇龙
开　　本　650mm×1000mm　　1/8
印　　张　7
印　　数　1—5,000
字　　数　100千字
版　　次　2022年4月第1版
印　　次　2022年4月第1次印刷

出版发行　吉林美术出版社
地　　址　长春市净月开发区福祉大路5788号
邮政编码　130118
网　　址　www.jlmspress.com
印　　刷　天津联城印刷有限公司

书　　号　ISBN 978-7-5575-7006-4
定　　价　68.00元

恐龙小 Q

　　恐龙小 Q 是大唐文化旗下一个由国内多位资深童书编辑、插画家组成的原创童书研发平台，下含恐龙小 Q 少儿科普馆（主打图书为少儿科普读物）和恐龙小 Q 儿童教育中心（主打图书为儿童绘本）等部门。目前恐龙小 Q 拥有成熟的儿童心理顾问与稳定优秀的创作团队，并与国内多家少儿图书出版社建立了长期密切的合作关系，无论是主题、内容、绘画艺术，还是装帧设计，乃至纸张的选择，恐龙小 Q 都力求做到更好。孩子的快乐与幸福是我们不变的追求，恐龙小 Q 将以更热忱和精益求精的态度，制作更优秀的原创童书，陪伴下一代健康快乐地成长！

原创团队

创作编辑：陈芊屹

绘　　画：秦　岩

策划人：李　鑫

艺术总监：蘑　菇

统筹编辑：毛　毛

设　　计：王娇龙　乔景香